中國沼氣工程

案例图鉴（第一辑）

刘秋琳　李景明　王凯军　著

清华大学出版社
北京

内容简介

《中国沼气工程案例图鉴(第一辑)》为国内系统梳理典型中国大中型沼气工程建设情况的专著。本书通过实地调研国内多个地区的沼气工程，选取了14个具有代表性的典型案例，从建设概况、厂区全貌、工艺路线、示范意义等方面，全方位展示了规模化沼气和生物天然气工程全貌，并通过收储运、预处理、厌氧发酵、沼气净化提纯、三沼综合利用等系统单元，呈现沼气工程的设计理念与技术创新。本书对我国沼气行业发展现状等进行了系统梳理，对沼气行业先进技术、典型模式与示范项目等进行总结，可指导我国大中型沼气工程建设，为相关从业人员和从事相关领域研究的科研人员，环境科学与工程专业相关人士提供参考与建议。

图书在版编目（CIP）数据

中国沼气工程案例图鉴.第一辑/刘秋琳，李景明，王凯军著.—北京：清华大学出版社，2023.10
ISBN 978-7-302-64726-3

Ⅰ.①中… Ⅱ.①刘… ②李… ③王… Ⅲ.①沼气工程-案例-中国-图集 Ⅳ.①S216.4-64

中国国家版本馆CIP数据核字(2023)第184998号

责任编辑：张占奎
封面设计：沐风堂
责任校对：欧　洋
责任印制：杨　艳

出版发行：清华大学出版社
　　　网　　　址：http://www.tup.com.cn, http://www.wqbook.com
　　　地　　　址：北京清华大学学研大厦A座　　　　　　　　邮　　编：100084
　　　社 总 机：010-83470000　　　　　　　　　　　　　　邮　　购：010-62786544
　　　投稿与读者服务：010-62776969, c-service@tup.tsinghua.edu.cn
　　　质量反馈：010-62772015, zhiliang@tup.tsinghua.edu.cn
印　装　者：北京博海升彩色印刷有限公司
经　　　销：全国新华书店
开　　　本：285mm×260mm　　　　印　　张：14⅔　　　　字　　数：152千字
版　　　次：2023年10月第1版　　　　印　　次：2023年10月第1次印刷
定　　　价：198.00元

产品编号：104439-01

作者简介
Author Profile

刘秋琳

中国沼气学会副秘书长,毕业并就职于清华大学环境学院,国家环境保护技术管理与评估工程技术中心主任助理,长期致力于环境领域技术推广与产业研究工作。参与多项水体污染控制与治理科技重大专项等国家课题,参编《污染防治可行技术指南编制导则》等国家环境保护标准,著有《城市污泥干化焚烧工程实践》等书,参编《环保回忆录》《地下再生水厂览胜》《北方大型人工湿地工法与营造》等书。

李景明

研究员,毕业于清华大学工程力学系。长期从事农村能源和环境保护科研开发、行政管理和技术推广工作。现任中国沼气学会秘书长、《中国沼气》副主编,全国沼气标准化技术委员会秘书长。曾先后组织制修订国家和行业标准100多项,主持国家和省部级科研、技术推广和国际合作项目20余项;曾获国家科技进步奖二等奖1项,国家能源科技进步奖三等奖1项;主编书籍7本,发表论文50余篇。

王凯军

清华大学环境学院教授,历任中国沼气学会秘书长、理事长,国家环境保护部科学技术委员会委员,国家环境保护技术管理与评估工程技术中心主任,国家水体污染控制与治理科技重大专项总体组专家。在荷兰Wageningen农业大学环境技术系获得博士学位,师从国际厌氧大师Lettinga教授。主要研究方向:城市污水和工业废水处理与资源化理论及方法,城市和农业废弃物处理与可再生能源技术开发,环境保护政策、标准研究与产业化方向。出版《厌氧生物技术(I)理论与应用》《厌氧生物技术(II)工程与实践》等厌氧领域多本专著。

序
Preface

中国是世界上沼气开发利用最早的国家之一，已有近100年的历史。进入21世纪以来，中央政府为了推动农村沼气行业的发展，先后通过中央预算内资金和国债资金投入总计超过480亿元，农村沼气行业成功实现由户用沼气向各种类型的沼气工程及规模化生物天然气工程的转型升级，并逐步扩展到工业和城市领域。与此同时，沼气技术不断创新，众多关键技术得到突破，基本建立健全了沼气行业的标准化体系，积累了一批有价值、可推广、可复制的成熟技术模式。

当前我国沼气工程从预处理、厌氧工艺、沼气净化提纯以及沼液沼渣综合利用等方面，基本达到可以依据原料特性、产业特点，形成与行业政策相符的发展模式，初步实现了有机废弃物能源化和肥料化的资源化利用，涌现出许多用于供热、发电和生物天然气等多种利用模式的成功应用案例，越来越多的沼气工程取得了较好的环境与经济等综合效益。在装备制造及工程外观设计上，也在逐渐打破传统思路，融合国际先进设计理念，使得沼气工程兼具实用性、功能性与景观性。

2017年10月，党的十九大报告中明确提出了"乡村振兴战略"。2020年9月，习近平总书记在联合国一般性辩论大会上向全世界郑重宣布了中国的"双碳"目标。为此，中国沼气学会先后组织有关专家研究和编制了《中国沼气行业"双碳"发展报告》，分别根据农业农村、工业和城市领域的资源可获得性情况及对未来社会发展、人口变化、技术进步和政策支持的预判，对中国沼气行业发展进行了中长期潜力分析。通过调研，我们坚信：中国的沼气行业在可再生能源替代、甲烷等温室气体减排等方面具有巨大潜力，将为国家建立现代能源体系与转型升级、节能减排固碳、农村人居环境整治作出具有不可替代的贡献，并将成为国家节能减排固碳主战场上的主力军。

调查研究是谋事之基、成事之道。近一年来，中国沼气学会组织相关人员开展了大量的实地调研，围绕畜禽粪便、农作物秸秆、城市污泥、垃圾填埋、餐厨及厨余垃圾、工业废水废渣等有机废弃物，走访了10多个省市的规模化大型沼气工程和生物天然气示范工程，并在此基础上编写了《中国沼气工程案例图鉴（第一辑）》一书，希望对我国沼气行业建设成效、发展现状、经验教训等进行系统梳理，对沼气行业先进技术、典型模式与示范项目等进行总结推广。本书选取了14个具有代表性的典型案例，从建设概况、厂区全貌、工艺路线、示范意义等方面全方位展示了规模化沼气和生物天然气工程全貌，并沿收储运、预处理、厌氧发酵、沼气净化提纯、三沼综合利用等系统单元，拟向读者呈现沼气工程设计理念与技术创新。

在本书的编写过程中，得到了多家沼气企业和多位行业同仁的支持，并为本书贡献了工程案例及图文素材。当然，本书仍有许多不足，权当抛砖引玉，也欢迎同仁多多批评指正并贡献更多案例参考，以便我们在今后的系列丛书中陆续呈现。

作者
2023年8月5日

目录
Contents

梁家河生态果园水肥一体化示范项目

习近平总书记在1974年带领梁家河村民建了陕西省第一口沼气池,拉开了梁家河发展循环生态农业的序幕。2017年,在农业部(现农业农村部)的支持下,梁家河生态果园水肥一体化示范项目在陕西省延川县文安驿镇建成。该项目采用热电肥联产工艺模式和模块化组装方式,总投资380万,占地约4亩(1亩≈666.67m²)。建设厌氧发酵罐280m³,双膜储气柜200m³,年处理畜禽粪污1 800t,年产沼气7万 m³,年发电量约12万kW·h,年减排温室气体约800tCO₂当量,年产沼渣100t、沼液1 500t,沼液沼渣作为有机肥用于梁家河千亩现代生态果园,形成了生态循环"果-沼-畜"模式。

厂区全貌

陕西·延安

- 梁家河"果-沼-畜"试验示范工作站
- 现代生态农业创新示范基地

工艺路线

采用中温厌氧发酵工艺，养殖粪污集中收集，在进料池
进行匀浆及预增温后，泵送至厌氧发酵罐，沼气经净化
后运输至发电机及锅炉用气设备，余热回收用于系统增
温，残余物经固液分离后作为固液肥还田。

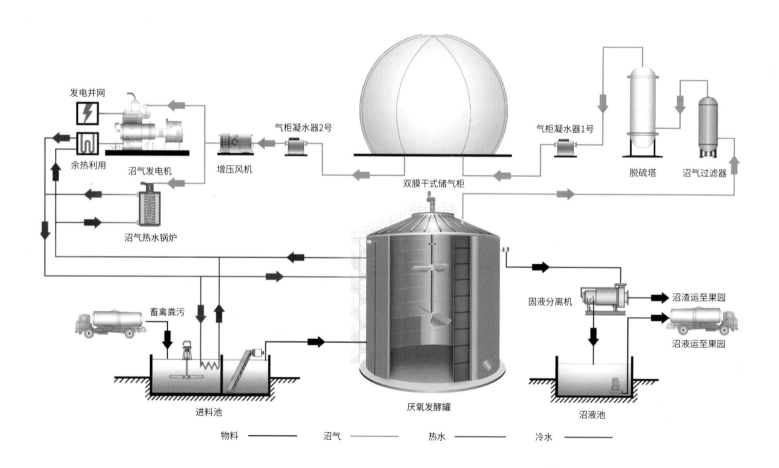

工艺流程图

预处理单元

养殖粪污通过运输车运至有浆池中除杂。

预处理间 >

厌氧发酵单元

采用中温厌氧发酵工艺，配置厌氧发酵罐280m³×1座，厌氧发酵罐顶部安装高效节能搅拌机，单位罐容装机功率小于5W/m³，较传统搅拌机节能30%以上。

厌氧发酵罐 >

沼气净化及储存单元

采用干法脱硫工艺，沼气进入双膜干式储气柜
暂存，之后输送至沼气发电机组。

干法脱硫系统200m³/h×1套
双膜干式储气柜200m³×1座

双膜干式储气柜　〉

三沼综合利用单元

沼气用于发电,供项目地自用,沼液、沼渣作
为有机肥用于梁家河千亩现代生态果园。

∨ 沼液灌溉种植苹果

示范意义

探索"果-沼-畜"生态循环模式,打造种养结合绿色农业农村示范,实现"果-沼-畜"与当地水肥一体化有机结合,践行乡村振兴战略,实现畜禽粪污资源化利用。

河北聚碳大型沼气热电肥联产项目

河北聚碳大型沼气热电肥联产项目位于河北省衡水市武强县,由内蒙古华蒙科创环保科技工程有限公司投资建设及运营,项目总投资8 600万元,占地100亩,于2017年12月正式并入国家电网,是河北省首个规模化奶牛养殖业沼气发电并网项目。该项目年处理畜禽粪污45万t、挤奶厅废水13万t,年产沼气800万m³,发电1 500万kW·h/a,年产牛卧床垫料9万m³、固态有机肥3万t,实现碳减排4万t/a,将牧场粪污、生产污水及周边农作物等固体废弃物资源化利用,形成"奶牛养殖-粪污处理-沼气生产-沼气发电-牛卧床垫料-有机肥-沼液还田-有机饲草-种植有机原奶生产"的畜牧业生态循环经济产业链。

■ 河北省畜牧养殖业环保示范项目

■ 河北省循环经济产业链项目

■ 河北省农业部重点示范项目

■ 衡水市农业产业化重点龙头企业

■ 武强县精准扶贫重点示范单位

工艺路线

采用湿式厌氧发酵技术,沼气净化处理用于发电,沼渣灭菌脱水后生产牛卧床垫料及有机肥,沼液经深度处理后生产液态有机肥。

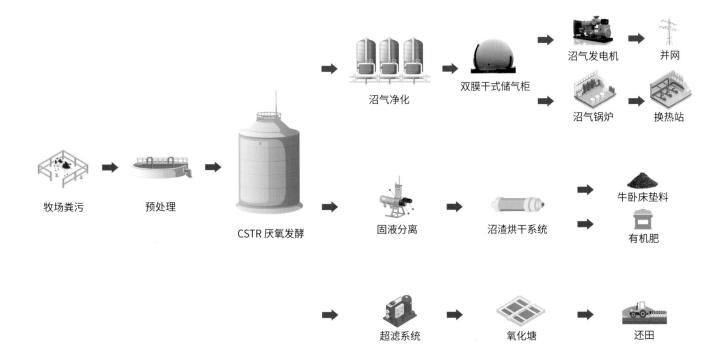

沼气净化　双膜干式储气柜　沼气发电机　并网

沼气锅炉　换热站

牧场粪污　预处理　CSTR 厌氧发酵　固液分离　沼渣烘干系统　牛卧床垫料

有机肥

超滤系统　氧化塘　还田

〈 工艺流程图

预处理单元

牧场粪污经管网输送至预处理车间,进行物料均质,调节
pH、温度、浓度等参数,达到最佳厌氧发酵进料条件。

∨ 预处理车间

厌氧发酵单元

厌氧发酵罐: 6 000m³×4座
外置换热, 循环物料
立式双层搅拌, 防结壳装置
厌氧串联并联可调节

$\vee$ 中温厌氧发酵罐

沼气净化及储存单元

生物酸法+精脱硫模式
处理量1 200m³/h

酸法脱硫系统 600m³/h×2套
双膜干式储气柜 2 000m³×1座

发电单元

热电联产, 沼气用于发电, 余热用于系统保温及沼渣生产。

发电机组1 500kW×2台

∧ 发电机组
< 脱硫塔

固液分离及牛卧床垫料生产单元

厌氧发酵后的物料经螺旋挤压式分离机固液分离后,进入二次挤压机脱水,脱水后经螺旋输送机输送至回转式烘干筒干燥,通过余热回收烘干（无外加热源）,加工制成牛卧床垫料。

处理量400m³/d

牛卧床垫料含水率≤45%

〈 固液分离系统

∨ 沼渣烘干系统

有机肥生产利用单元

沼渣、沼液制备有机肥，形成复合微生物肥等有机肥料，用于牧草种植。

示范意义

强化种养平衡,促进种植业与养殖业结合,实现生态系统的良性循环。作为河北省首个规模化奶牛养殖业沼气发电并网项目,将污染治理与资源开发有机结合,使牧场粪污治理产生经济效益,打造畜牧业生态循环经济产业链。

国能通辽生物天然气项目

国能通辽生物天然气项目由国能生物发电集团有限公司建设,北京盈和瑞环境科技有限公司EPC总承包,是生物质直燃电厂与生物天然气耦合项目。该项目设计规模为60 000m³/d,以玉米秸秆和动物粪便为主要原料,沼气主要用于提纯制生物天然气,年产55 000t固态有机肥和6 600t液态有机肥,是集大型农业有机废弃物沼气工程、生物天然气提纯净化工程、大型生物有机肥生产工程与CO_2捕捉收集利用工程于一体的资源综合利用项目。项目包括农业有机废弃物综合处理中心和生态农业种植示范园区,以沼气综合利用、有机肥生产销售、农业合作社种植为途径,有效解决区域内农作物秸秆焚烧、畜禽粪污污染问题,提升土壤有机质,打造高附加值农副产品,实现可持续发展。

工艺路线

采用"秸秆纤维素水解预处理+粪污预处理+两级
一体化CSTR厌氧发酵+生物脱硫+PSA沼气提纯"
的工艺路线。

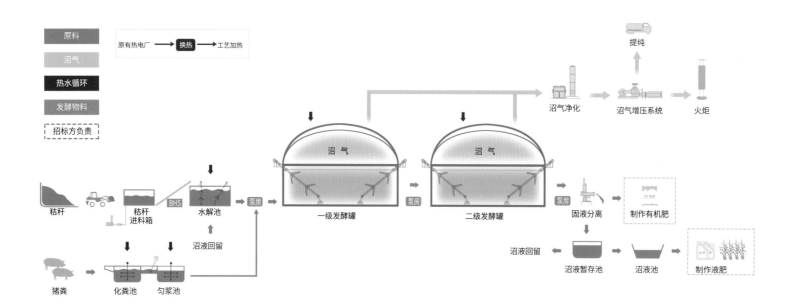

〈 工艺流程图

〉 厌氧发酵区域

预处理单元

秸秆经进料箱缓存，自动称重和分批次进料至BHS破碎机进行二次在线粉碎，粉碎后通过传送带输送至水解池；畜禽粪污经除砂匀浆调浓后泵送至CSTR厌氧发酵系统。

秸秆纤维素水解技术：快速降解纤维素、半纤维素，产生大量挥发性脂肪酸，大大缩短厌氧反应器停留时间，HRT（水力停留时间）为25~30d，提高物料利用率，降低系统运行能耗。

粪污预处理技术：盘管增温+螺旋除砂组合工艺，有效去除粪污中的砂石杂质。

水解池 ❶
进料箱 ❷
BHS破碎机 ❸

厌氧发酵系统

厌氧发酵罐: 6 400m³×8座

采用搪瓷拼装罐, 安装快捷、防腐性能好, 储气柜和罐体采用一体化设计,
沼气缓存容积大, 抗负荷冲击能力强。搅拌系统采用组合式混合搅拌, 物料
混合均匀, 有效破除浮渣。

一体化厌氧发酵罐 ∨

组合搅拌系统

采用高、低位组合式搅拌工艺设计,物料快速混合均匀,
有效解决厌氧发酵罐内浮渣结壳和沉沙问题。

〈 侧搅拌机
∨ 顶部搅拌机

沼气净化单位

采用发明专利技术"碱法生物脱硫工艺"脱硫和再生装置独立运行,脱硫效率高达99%以上,过程控制简单,运行成本低。

脱硫净化区域 ∨

029

沼气提纯单位

采用撬装式模块化PSA提纯工艺设计，自动化
程度高，经PSA提纯后满足二类天然气标准。

沼气净化及提纯系统 ∧

CNG 加气站 ＞

PSA 提纯装置 ∨

固液分离单元

物料经厌氧发酵后通过螺杆泵送至固液分离机进行固液分离,采用进口的螺旋挤压固液分离机。

〈 ∨ 螺旋挤压固液分离机

固态有机肥生产单元

沼渣经固液分离后输送至好氧发酵槽，复配干粪污、腐殖酸、黏土、氮磷钾等微量元素，微生物菌剂腐熟后，经破碎、筛分、挤压、烘干、造粒等制作粉肥和颗粒有机肥。

液态有机肥生产单元

沼液经固液分离后进入沼液池储存，泵送至生产车间，经过絮凝沉淀、曝气、络合、复配、过滤等工艺生产液态有机肥。

〈 固态有机肥生产单元

〉 液态有机肥生产单元

示范意义

通过生物天然气项目与秸秆直燃电厂和配套有机肥深加工协同耦合，建立和完善原料收储运体系，贯通农业有机废弃物处理全产业链条，带动城乡区域经济发展。处理县域范围内畜禽粪污及农作物秸秆，生产有机肥，提升土壤承载力，促进农产品增产并带动农业与畜牧业绿色发展，改善农村面源污染问题，产生清洁能源，助力国家"双碳"战略。

灌云县畜禽粪污资源化处理
与利用项目

灌云县畜禽粪污资源化处理与利用项目位于江苏省连云港市灌云县杨集镇，由长江生态环保集团和中持股份联合投资建设。项目占地63.1亩，年处理畜禽粪污30万t(含水率80%)、餐厨垃圾1.8万t (含水率85%)，年产生物天然气876万m³、有机肥和沼肥超过4万t。作为第一批畜禽粪污资源化利用整县推进项目、国内最大规模畜禽粪污处理项目之一，该项目在解决环境问题的同时，带动生态农业的发展，并在助力当地城乡融合方面发挥关键作用。

工艺路线

有机废弃物经预处理后进入干式厌氧消化单元,产生沼气净化提纯为生物天然气,并入当地天然气管网,消化液脱水后,沼渣一部分直接销售利用,一部分经好氧堆肥生产有机肥,沼液作为液肥还田利用。

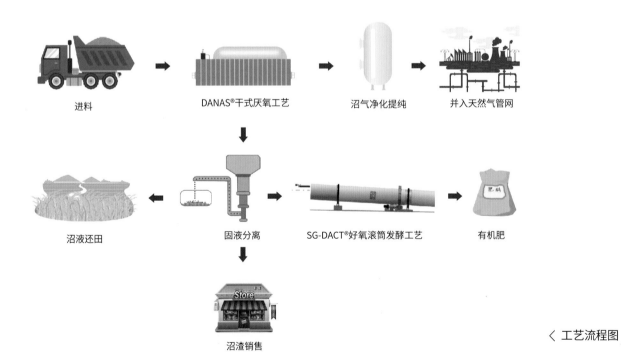

进料　　　　　DANAS®干式厌氧工艺　　　沼气净化提纯　　　并入天然气管网

沼液还田　　　　　固液分离　　　SG-DACT®好氧滚筒发酵工艺　　　有机肥

沼渣销售

〈 工艺流程图

预处理及进料单元

餐厨垃圾经过生物质分离器一体化预处理设备去除杂物并破碎后，输送至粪污料仓，物料通过柱塞泵进入干式厌氧反应器。

∨ 预处理设备

〈 进料车间

干式厌氧消化单元

采用8座自主研发的卧式单轴、单体容积为3 100m³的DANAS®干式厌氧反应器,将含固率反应器20%以上的有机废弃物经输送系统进入干式厌氧消化单元。
干式厌氧的应用,大大减少了沼液的产生。

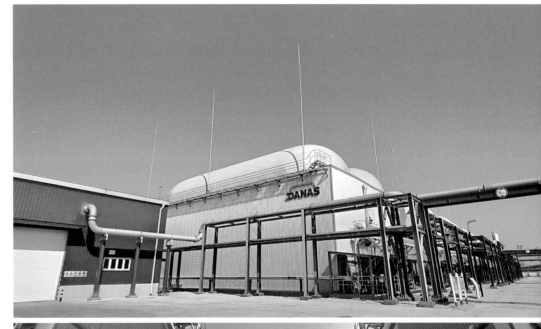

干式厌氧反应器 ∧ ＞

固液分离单元

消化液泵入8台螺旋挤压固液分离机进行固液分离，沼渣含水率为65%~70%。

〈　固液分离单元

〜　沼渣暂存

沼渣利用单元

好氧发酵

采用SG-DACT®滚筒动态好氧高温发酵技术，通过滚筒的转动实现物料、氧气、微生物的充分混合，提高传质效率，缩短停留时间，实现稳定化和腐殖化。

有机肥生产

好氧发酵后沼渣进入有机肥加工车间，生产高附加值有机肥产品。

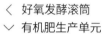

〈 好氧发酵滚筒
∨ 有机肥生产单元

沼气净化与利用单元

沼气经生物脱硫、除杂干燥净化后，通过沼气膜提纯设备制备生物天然气，并入当地燃气公司管网。

◀ 沼气净化及膜提纯装备

沼液利用单元

按照水田电灌站的路线设计农田沼液供肥线路，进行
区域内沼液施肥，实现化肥减量。

沼液还田实践

示范意义

采用政企合作模式,将投资、建设与运维有机结合,建立完善的付费机制,打造长江经济带农业面源治理典范。作为国内最大规模的干式厌氧项目,实现了畜禽粪污和餐厨垃圾等城乡多源有机废弃物高效处理利用。将"生态优先、绿色发展"作为核心理念,每年可减排20万tCO₂当量,助力灌云县及长三角区域减污降碳与乡村振兴。

新沂市畜禽粪污资源化
利用项目

作为整县推进试点项目之一，江苏新沂市畜禽粪污资源化利用项目位于江苏新沂华英农业生态循环产业园内，为园区配套畜禽粪污资源化利用项目，由青岛汇君环境能源工程有限公司承建，总投资约6 500万元，项目占地约70亩，日处理各类畜禽粪污约1 000t，其中鸡粪260t、鸭粪160t、猪粪460t。日产沼气22 000m³，甲烷含量≥55%，用于场内 供热和外售燃气管网，日产沼液737t，用于回流调配和园区经济作物施用，日产沼渣63t，生产生物有机肥，年产有机肥2.4万t。

工艺路线

采用CSTR中温厌氧发酵工艺,消化液经过两相固液分离系统,沼渣进入好氧翻抛发酵系统制作有机肥,沼液用于回流调配和园区经济作物施用,沼气经生物脱硫后进入双膜气柜存储,用于厂区供热或通过膜法提纯系统制取生物天然气。

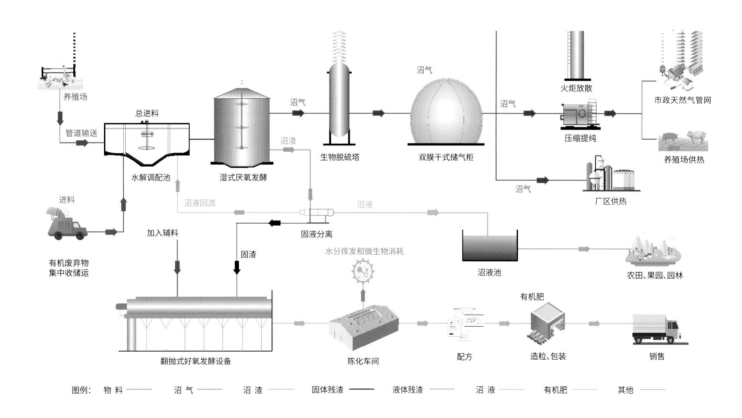

〈 "厌氧+好氧"协同处置工艺流程图

项目特点

区域有机废弃物第三方集中处理中心沼液沼渣实现液、固态有机肥的高值化利用生态农业循环产业园诠释了"鸭-沼-果"种养结合农业模式实现稳定收益,降低经营风险,整体经济收益提升10%~30%。

园区实景

厌氧发酵系统

厌氧发酵罐:5 000m³×4座

鸡粪、鸭粪、猪粪、牛粪、秸秆等复合原料,进料TS(含固率)8%~10%,反应器采用立式搅拌,有专用排砂、排浮渣设计中温厌氧 (36~38℃) 、反应器内氨氮浓度上限达6.5X10⁻³。

∨ 厌氧发酵系统

沼气净化系统

生物脱硫 (4m×12m×2座)+化学脱硫

70%~120%的处理弹性, 氧含量安全联锁

日处理能力22 000m³, H₂S含量不高于$1×10^{-2}$处理至不高于$2×10^{-5}$。

⌄ 生物脱硫系统   ⌄ 化学脱硫系统

沼气脱碳提纯系统

系统日处理能力22 000m³，沼气CH₄回收率≥96%，产品气CH₄含量≥96%。

∨ 沼气脱碳提纯装置

好氧发酵制肥系统

引进日本工艺设备,采用移动式除臭设计,有效解决臭气问题,除臭能耗比常规降低30%。

单桥式翻抛机,可实现发酵槽区域好氧发酵,日处理63t沼渣,40t辅料(花生壳、稻壳、秸秆粉等),能耗160kW·h/t。

∧ 单桥式翻抛机

〈 好氧发酵完成后物料

示范意义

作为有机废弃物第三方集中式处理中心,实现园区畜禽粪污100%全量处理,为国内同类产业化园区有机废弃物处理处置提供示范。"厌氧+好氧"协同处置工艺,实现鸡粪、鸭粪、秸秆等有机废弃物的协同处置和资源化利用。整体诠释了"鸭-沼-果"的种养结合农业模式,形成可复制可推广的生态循环现代科技农业模式。

① 独立气柜

② 有机肥车间

③ 减压装置

④ 化学脱硫塔

站田分布式生物天然气能源站
(阜南模式)

参照石油开采井田制理念,上海林海生态技术股份有限公司通过农业有机废弃物的开发利用,在乡村建立站田分布式生物天然气能源站,搭建县域生物天然气网格体系。站田分布式生物天然气能源站(阜南模式) 位于安徽省阜阳市阜南县,总投资10.44亿元,建立1个中心调度站,8个有机废弃物沼气和生物天然气处理站,铺设270km主干管网,可协同处理阜南县177万头猪当量、20万t秸秆等城乡有机废弃物,年产生物天然气4 000万m³,年产固体有机肥料20万t,液态有机肥料10万t,贡献70万t碳指标。2020年,该项目被农业农村部认定为中国生物天然气产业的"阜南模式"。

■ 阜南项目是站田模式的顶层设计和实践

■ 产业化、标准化、现代化的生物天然气制造工厂

多维可控技术体系

采用多维可控生物天然气创新技术，统收区域
城乡有机废弃物，多源物料协同厌氧发酵、后端
处理，生产绿色生物天然气。

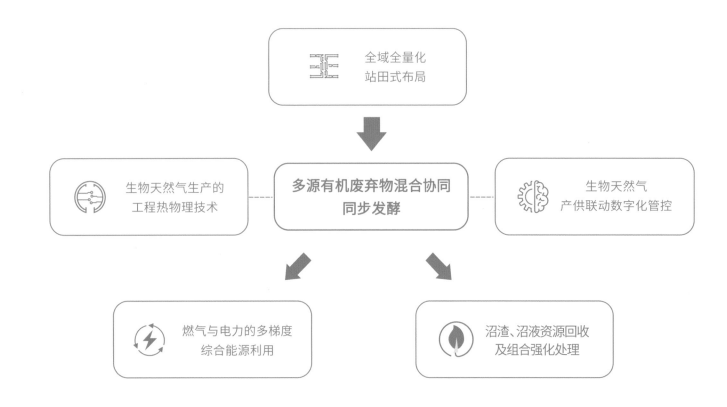

全域全量化
站田式布局

生物天然气生产的
工程热物理技术

多源有机废弃物混合协同
同步发酵

生物天然气
产供联动数字化管控

燃气与电力的多梯度
综合能源利用

沼渣、沼液资源回收
及组合强化处理

〈 流程图

厌氧发酵罐 〉

收储运体系

构建"县-乡-村"秸秆收储三级网络包括26个秸秆标准化收储中心，362个临时收储转运点，180多名秸秆收储经纪人，867台（套）秸秆打捆机械。

全密闭车辆运输　∧
秸秆破碎和再压储设施　＞
秸秆堆场　∨

预处理体系

包括秸秆预筛选、餐厨垃圾和蔬菜废弃物预发酵疏解、粪污除杂、病死动物尸体预处理等。

收运作业实景 ∨

厌氧发酵体系

采用CSTR中温厌氧发酵工艺，
多源有机废弃物协同发酵，
生物天然气厌氧罐单体体积6 000m³

固液分离体系

采用多级高压板框固液分离工艺，60%稀沼液回流处理再发酵，40%稍浓沼液经膜浓缩分离，作为液体有机肥还田，年产液体有机肥10万t。

〈 厌氧发酵罐
∨ 固液分离设备

沼气利用体系

厌氧发酵产生的沼气经两级脱水后进入干式脱硫塔。

脱硫后的沼气，一部分送发电机发电，另一部分经处理、
提纯后，产出生物天然气并进入燃气管网。

∨ 干式脱硫塔

沼渣沼液利用体系

沼渣经固液分离后，通过后腐熟及复配，生产固态有机肥，年产量20万t。沼液采用多营养元回收技术，实现甲烷、小分子碳及碳基纳米材料的梯级提炼。

∨ 有机肥生产设备   沼液处理设备 ∨

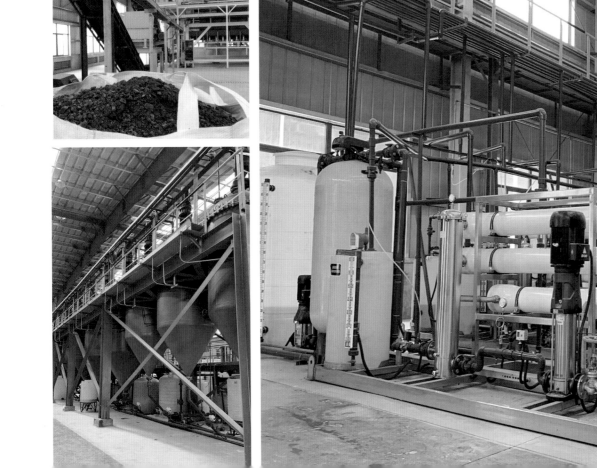

示范意义

构建县域城乡有机废弃物全量生物天然气开发利用技术体系，打造县域有机废弃物全利用、县域利用全覆盖、复合利用全循环的"三全"模式。首创可复制、可推广的生物天然气资源利用产业化模式，为新能源与生物经济融合的战略性新兴技术产业提供解决方案。

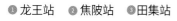

❶ 龙王站　❷ 焦陂站　❸ 田集站

❹ 公桥站　❺ 中心站　❻ 张寨站

❼ 苗集站　❽ 柴集站　❾ 王堰站

站田分布式生物天然气能源站（阜南模式）

069

基于沼气技术"N2N+"区域生态循环农业模式

在探索整县推进第三方集中资源化利用模式的过程中江西正合生态农业有限公司创立了"N2N+"区域生态循环农业模式。该模式采取"政府引导、企业主导、市场运作"的方式,整合产业链上游"N"个规模畜禽养殖企业的粪污资源,通过农业废弃物无害化处理中心(以大型沼气工程为主要构成部分)和农业有机肥制取中心两个核心平台,向产业链下游"N"个种植业生产经营组织提供有机肥产品,减少化肥、农药等的使用,恢复种植生态系统,形成区域性的绿色生态循环农业。在"N2N+"模式基础上,带动其他城乡有机废弃物的处理处置,包括秸秆、生活易腐废弃物等,构建"共建、共管、共赢"的开放平台,有效解决区域农业面源污染问题。

工艺路线

有机废弃物集中收储至农废处置中心, TS低于15%的有机废弃物进入厌氧发酵罐厌氧发酵, 沼气发电并网, 沼液陈化后由合作社安全农用, 沼渣和TS高于15%的有机废弃物按中医农业理念制肥, 经高温好氧发酵和陈化腐熟制成有机肥。

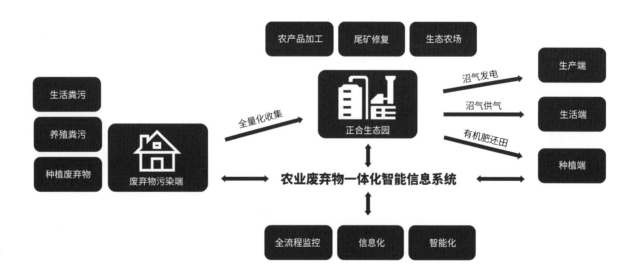

〈 工艺流程图

收储运系统

协同养猪场粪污减量、生态化改造、第三方全量化收储运，
通过四联单，构建政府、养殖场和第三方企业三方共管共
赢，形成受益者付费机制。

养猪场粪污收运 〉
养殖场鸟瞰图 〈〉

预处理系统

分为粉碎、格栅、匀浆、调节、泵送等工序。

秸秆粉碎 ∧
匀浆调节 ＞

厌氧发酵系统

采用CSTR工艺,发酵容积20 000m³,可解决区域内年出栏60万头生猪养殖当量的畜禽粪污,恒定中温35℃,停留时间20~30d,平均发酵TS为8%。

❶ CSTR厌氧反应器　　❷ 沼气生物脱硫　　❸ 离心式固液分离　　❹ 沼气双膜储气柜

三沼综合利用系统

沼气利用：直接供农户使用，提纯制生物天然气，发电自用或并网。

沼渣利用：以沼渣为主要原料，添加木屑、菌菇渣、木薯渣等辅料生产有机肥。采用槽式好氧堆肥，可根据作物和土壤情况进行测土配方制作专用肥。

沼渣制有机肥 〉

沼液利用: 首创沼液综合利用 "334" 模式,30%的沼液用于非耕边际土地种植能源草或牧草,30%赠予果园,40%交由合作社。编制沼液施用技术手册,采用沼液陈化稳定技术,人工施肥、沼液水肥一体化等技术实现沼液的安全农用。

沼液综合利用 ∧ 〉

示范基地
新余市南英沼气发电项目

项目于2016年建设并于2017年投产，发酵容积为20 000m³，沼气发电机组3MW,发电量1 600万kW·h/a，年产有机肥3万t，年处理病死畜禽3 650t，满负荷运行可年处理病死畜禽7 300t，有效解决新余市渝水区东部乡镇年出栏60万头生猪粪污和新余市区域病死畜禽问题。提出养殖粪污全量化收储运模式，养殖粪污交由第三方集中处理，构建区域生态循环农业新模式。

示范基地

定南县畜禽粪污整县推进第三方集中资源化利用项目

项目于2017年建设，并于2018年投产和并网发电，发酵容积20 000m³，沼气发电机组3MW，发电量1 600万kW·h/a，年产有机肥3万t。该项目依托定南县生猪调出大县和稀土大县的特点，利用稀土尾矿种植能源草，养殖粪污集中发酵产沼气，沼液用于种植能源草，构建生态能源农场模式，有效解决该县年出栏70万头生猪的粪污问题，实现养殖污染治理与尾矿治理相结合。

示范基地

崇仁县元家河流域面源污染治理项目

项目于2020年建设并于2021年投产,发酵容积20 000m³,沼气发电机组2MW,发电量1 600万kW·h/a,年产有机肥3万t,年处理病死畜禽3 650t,满负荷运行可年处理病死畜禽7 300t,有效解决了崇仁县畜禽养殖污染问题,并以养殖粪污治理和农村生活粪污治理为核心,构建区域小流域农业面源污染治理新模式。

示范意义

首创"N2N+"区域生态循环农业新模式,有效解决区域畜禽养殖污染、农业有机废弃物等污染问题,减少农药、化肥的施用,实现农业产业生态化。助力生态养殖业发展,促进区域一、二、三产业融合发展,推进县域农业高质量发展。采用"公司+合作社"的经营方式,有效带动更多农户组建合作社参与到国家乡村振兴大战略中来。

民和(一期)3MW沼气发电项目与 (二期)4.2万m³生物天然气项目

民和 (一期) 3MW沼气发电项目与 (二期) 4.2万m³生物天然气项目位于山东省烟台市蓬莱区，由山东民和生物科技股份有限公司投资建设。一期3MW沼气发电项目日处理鸡粪300t，沼气产量30 000m³/d，发电机装机容量3MW，发电量60 000kW·h/d，每年减排温室气体70 000tCO₂当量，于2009年建成投产，至今已连续稳定运行14年。民和 (二期) 4.2万m³生物天然气项目是我国首批规模化生物天然气试点工程项目之一，于2017年建成投产，日处理鸡粪700t，沼气产量70 000m³/d，提纯生物天然气42 000m³/d。民和 (一期) 3MW沼气发电项目与 (二期) 4.2万m³生物天然气项目构建起了民和特色生态循环农业模式，为国内大型养殖场粪污处理沼气和生物天然气行业提供良好的示范。

■ 国内大型农业沼气发电（CDM）碳交易项目

■ 科技部"十二五""十三五"科技支撑计划示范项目

■ 世界银行碳减排交易项目

■ 农业领域大型生物天然气项目

工艺路线

以养殖资源为依托，采用"粪污集中收集处理-高效厌氧发酵-沼气
综合利用-沼肥高值利用"的创新模式。

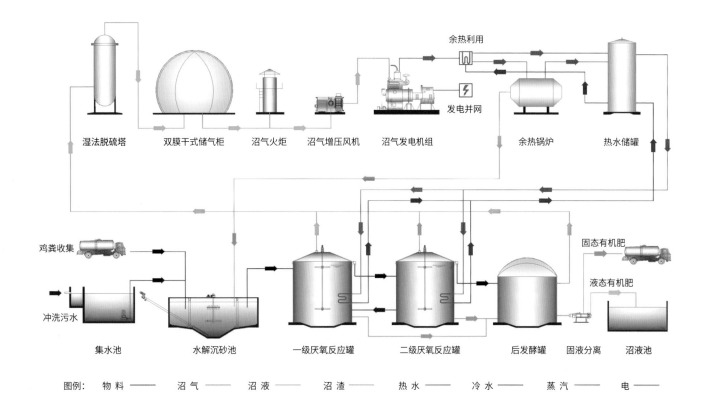

∧ 工艺流程图

预处理单元

采用水解除砂工艺。

∨ 水解除砂设备

厌氧发酵单元

采用高浓度中温厌氧发酵工艺

一期配置厌氧发酵罐3 200m³×8座
二期配置厌氧发酵罐3 720m³×12座

∨　民和（一期）3MW沼气发电项目厌氧发酵罐

∨　民和（二期）4.2万m³生物天然气项目厌氧发酵罐

沼气净化单元

一期和二期均采用湿法脱硫工艺,脱硫效率可达98%以上。

一期配置湿法脱硫系统700m³×2套
二期配置湿法脱硫系统1 500m³×2套

二期湿法脱硫设备　＞

沼气储存单元

沼气经脱硫净化后采用双模干式储气柜暂存。

一期配置双膜干式储气柜2 000m³×1座
二期配置双膜干式储气柜2 000m³×1座

沼气利用单元

一期项目沼气经脱硫、脱水、除杂后用于3台1 063kW热电联产发电机组发电并入电网，余热用于厌氧系统增温、企业生产和生活用热，热电效率可达84%以上。

二期项目沼气经脱硫、脱水、除杂后，进入沼气提纯压缩单元生产生物天然气，用于当地车用、工业用与农村供气。

∧ 沼气三级膜提纯设备
< 热电联产发电机组

沼液利用单元

沼液一部分就近还田，用于周边苹果、葡萄、樱桃等有机种植;另一部分经
多级膜浓缩制成有机液体肥，清液用于冲刷鸡舍后再回到厌氧发酵系统。

有机液体水溶肥料　〉
沼液膜浓缩设备　〉

示范意义

民和项目通过"粪污集中收集处理-高效厌氧发酵-沼气发电热电联产&沼气提纯生物天然气-沼肥高值利用"的创新模式，实现气、热、电、肥、温室气体减排联产与粪污资源循环利用。民和一期工程于2009年在联合国成功注册清洁发展机制(CDM)项目，已开展了10年的碳交易，实现有机废弃物的能源化资源化处理，为国内畜禽行业循环经济发展提供示范。

烟台市餐厨垃圾无害化处理
与资源利用项目

烟台市餐厨垃圾无害化处理与资源化利用项目由山高环能集团股份有限公司下属公司建设，位于烟台市生活固体废弃物循环经济园区，占地面积2.3万 m^2，总投资1.2亿元，一期餐厨垃圾处理能力为200t/d，同时具有25t/d的地沟油处理能力，主要处理烟台市内六区产生的餐厨垃圾，经数字化收运进厂后进行无害化处理，年发电量约100万kW·h，年产生物质天然气约100万 m^3，年产生物油脂2 500t。该项目是山高环能东部沿海地区的标志性项目。

工艺路线

采用餐厨垃圾处理全流程工艺,湿式厌氧发酵、双环中温发酵、膜提纯等技术,将餐厨垃圾等有机废弃物经厌氧消化转化为沼气、沼渣、沼液。其中,沼气主要用于发电自用和锅炉燃烧,剩余沼气经提纯后制生物天然气,沼液经污水处理系统达标排放。

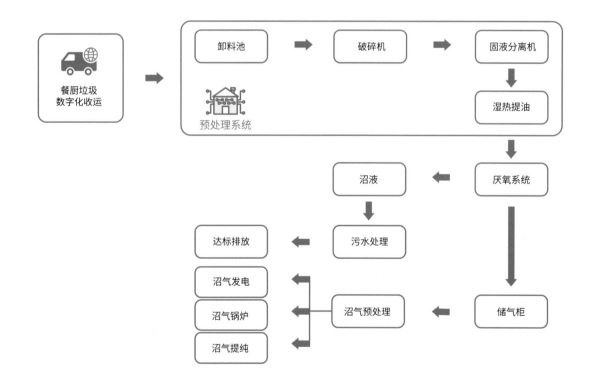

〈 工艺流程图

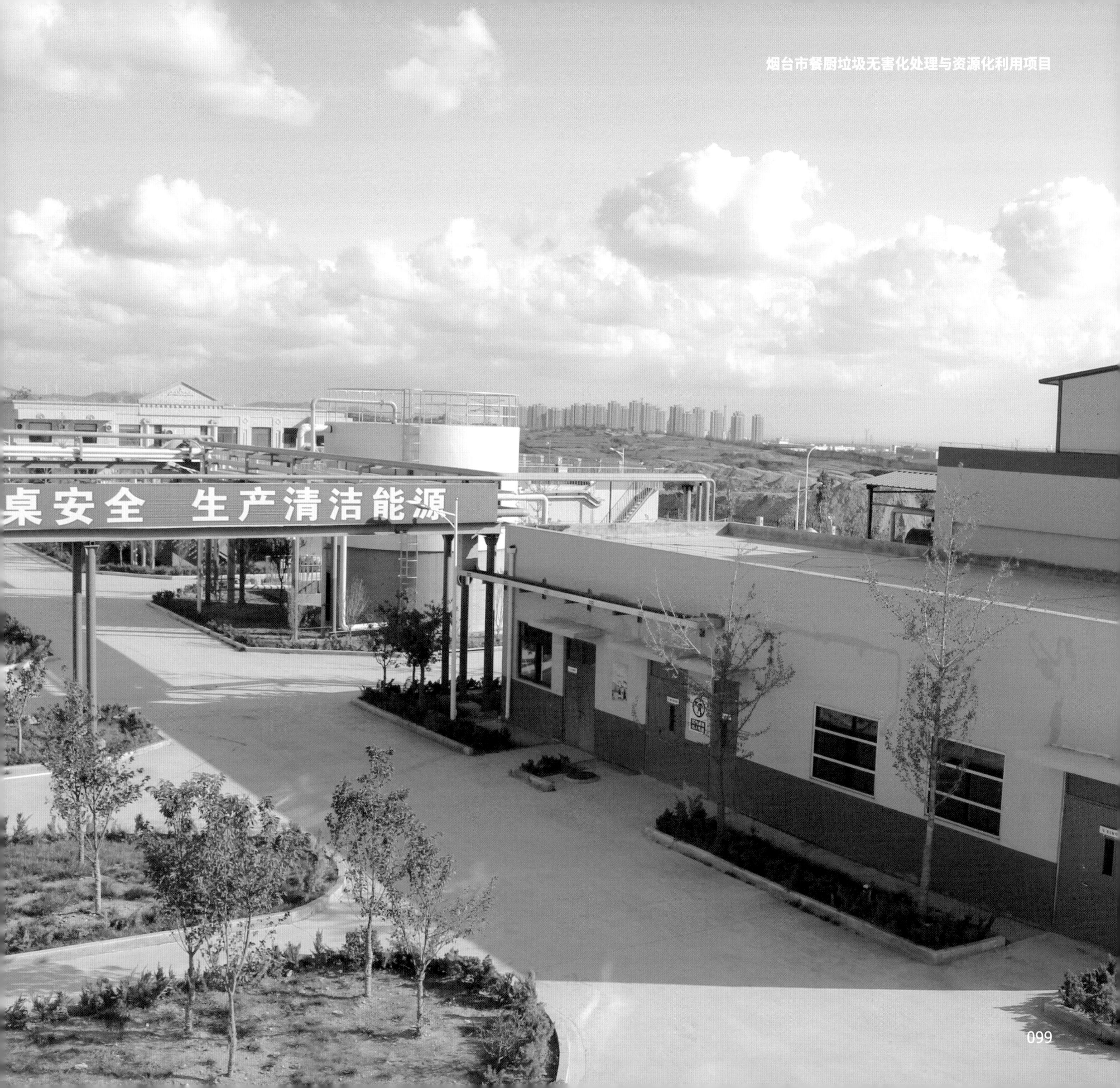
桌安全 生产清洁能源

收运系统

采用智能化餐厨废弃物收运系统,实现监管部门、收运方和餐饮单位三方信息数据互通、高效并联,形成融合共治模式。

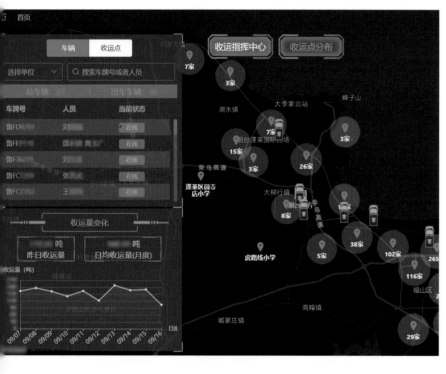

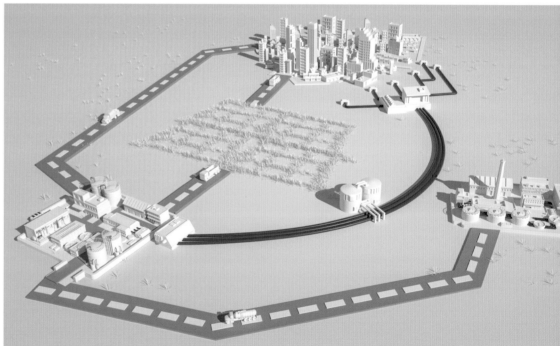

数字化收运系统 ∧
城市餐厨废弃物处理数字化工厂概念图 ＞

卸料及破碎系统

采用德国进口破碎分选制浆一体化设备,餐厨垃圾卸至接料斗内,通过螺旋输送机输送至破碎机,经破碎机破碎后,浆液输送至下一工序,轻物质作填埋或焚烧处理。

预处理车间 ∧
　破碎机 ＞

固液分离系统

经破碎除沙后的浆料进入除杂机，除杂机采用高速离心螺旋挤压原理，用以去除浆料里面的各种纤维、塑料片等轻物质达到固液分离的效果，处理效率高，处理后的残渣含水率低。

∨ 固液分离

湿热提油系统

浆料经固液分离后加热,通过卧式离心泵输送至三相离心机进行提油,温度80~85℃,处理量15~20t/h,油相含水率≤3%,三相分离后油相进入油水分离罐,水相、渣相进入均质罐进行热水解,有利于提油后浆料的厌氧发酵处理。

蒸煮机 ∧
湿解后熟罐 ⟩

厌氧系统

采用德国先进的湿式厌氧和双环中温发酵技术，发酵温度为(38±1)℃，内外环总容积约5 800m³，采用混凝土结构可最大限度节省能耗，产酸产甲烷主要在外环和内环中进行，可在不同相中筛选出不同的优势菌群，提高容积负荷率，节省系统投资，提高甲烷产率，增加运行稳定性。

〈 厌氧罐

沼气预处理系统

采用干法脱硫塔脱硫，脱硫后沼气中H_2S浓度可满足沼气发电机、锅炉及沼气提纯等工艺系统的要求。

〈 脱硫塔

沼气提纯系统

采用撬装式膜处理系统,通过集成设备可将厌氧系统产生的沼气提纯制成CNG产品,甲烷回收率可达97%以上。

∧ 精制车间

沼气发电系统

沼气发电系统可实现热电联产，电能供厂区自用，烟气通过余热锅炉产生蒸汽供预处理使用，实现能量的梯级利用，能源利用总效率可达80%。

∧ 余热锅炉
〈 沼气发电机

示范意义

将餐厨废弃物无害化处理，生成沼气、有机肥以及生物柴油原料等绿色能源，解决城市餐厨垃圾处理难题，改善城市环境的同时，防止地沟油、潲水猪等回流餐桌，消除食品卫生安全隐患。餐厨垃圾无害化处理与资源化利用可以有效降低碳排放，对促进城市绿色生态可持续发展和循环经济的高质量发展具有重要示范意义。

守卫餐桌安全　生产清洁能源

安全就是生命　责任重于泰山

优然牧业济南万头牧场沼气项目

优然牧业济南万头牧场沼气项目位于山东省济南市平阴县孝直镇，占地26亩，由内蒙古优然牧业有限责任公司投资，杭州能源环境工程有限公司参与承建，日处理牛粪污800t，日产沼气20 000m³，日产沼渣垫料48t。该项目通过中温厌氧发酵技术将牛粪污变废为宝，进行能源化、肥料化、垫料化转化，助力优然牧业济南万头牧场发展成为山东地区具有标杆性的大型奶牛养殖生态循环示范牧场。

工艺路线

以牛粪污等废弃物为原料，采用预处理+中温
厌氧发酵+三沼综合利用的技术路线，主要分
为预处理单元、厌氧发酵单元、沼气净化及储
存单元和三沼综合利用单元。

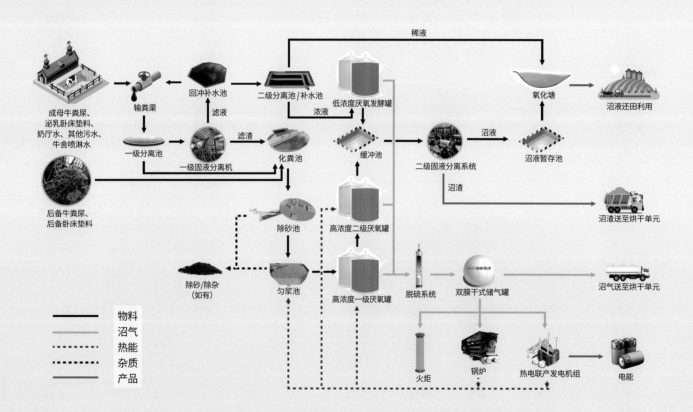

〈 工艺流程图

预处理单元

采用多级除砂工艺去除牛粪污中的杂质，
提升系统运行稳定性。

化粪池: 120m³×2座
提升池: 50m³×2座
匀浆池: 400m³×2座

机械格栅 ∧
匀浆池 〉

厌氧发酵单元

采用中温厌氧发酵工艺，发酵过程高效、稳定，沼气产气
效率高，单位罐体容积产气率超过1.2m³。

厌氧发酵罐4 000m³×3座

从左往右依次为：厌氧发酵罐、双膜干式贮气柜、生物脱硫设备

沼气净化及储存单元

采用生物脱硫工艺,将H_2S浓度降至1×10^{-4}以下。
生物脱硫系统800m³/h×1套

沼气经过脱硫净化后进入双膜干式储气柜暂存,再输送
至热电联产发电机组及沼气锅炉。

双膜干式储气柜3 000m³×1座

三沼综合利用单元

沼气输送至热电联产发电机组所产生的电能供厂区自用。

沼液用于牧场饲料地的灌溉。

沼渣进入烘干系统烘干后,生产牧场有机生物垫料。

热电联产发电机组 ∧
沼气锅炉 〉

沼渣用作牛床垫料 〉
沼液灌溉 〈

示范意义

以沼气工程为枢纽,将牛粪污变废为宝,有效解决牧场粪污污染问题,实现牛粪污资源化利用。项目日产沼气20 000m³,每年减排温室气体30 000tCO₂当量,助力牧场 践行"双碳"行动,为推动牧业养殖高质量发展贡献力量。

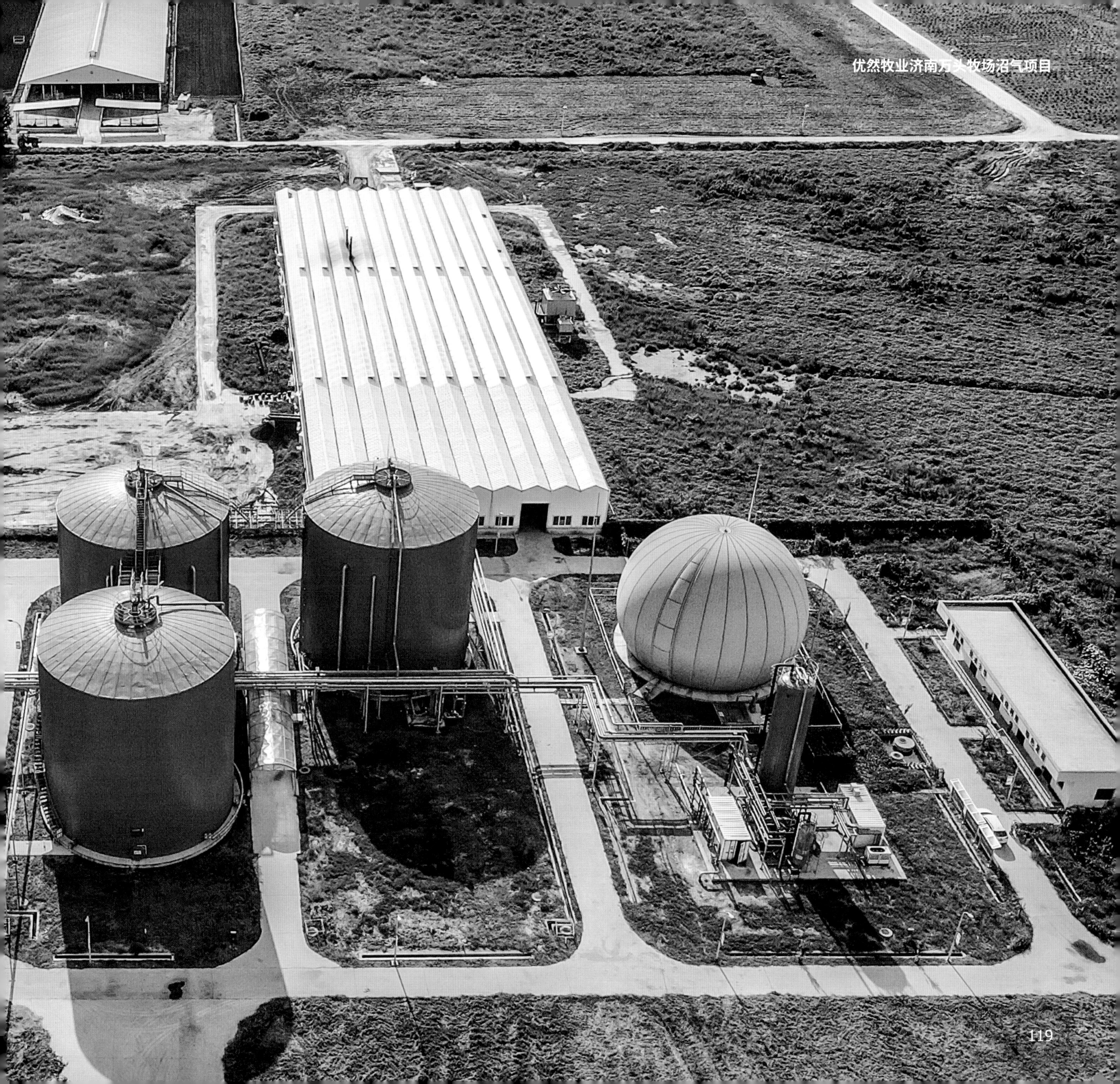
优然牧业济南万头牧场沼气项目

肥城市有机废弃物处理与利用项目

肥城市有机废弃物处理与利用项目位于泰山西麓山东省肥城市桃园镇，由北京中持绿色能源环境技术有限公司投资、建设和运营。项目总投资8 540万元，占地面积32亩，年处理畜禽粪便、餐厨垃圾等有机废弃物7.3万t，通过干式厌氧消化技术和滚筒好氧高温发酵技术将有机废弃物转化为生物天然气和有机肥等产品，年产生物天然气182.5万m³，有机肥超过7 300t。作为新型环境和农业基础设施，该项目有效解决畜禽污染问题，生产资源化产品，并进行有机质还田利用实践，推动当地农业资源的可持续发展。项目自2018年投入运营，已在具有"肥桃之乡"美誉的肥城市有机废弃物治理中发挥有效作用，为区域有机废弃物集中处理提供了模式和技术的示范。

- 生态环境部农村有机废弃物资源化利用试点项目
- 农业农村部畜禽粪污资源化利用重点县试点项目
- 农业农村部绿色种养循环农业试点项目
- 山东省畜禽污染治理与综合利用（收集、转化、应用"三级网络"）试点项目
- 泰山区域山水林田湖草生态保护修复工程试点项目

工艺路线

畜禽粪污、餐厨垃圾、农作物秸秆等有机废弃物经预处理
后进入干式厌氧消化单元,沼气净化后提纯为生物天然气
并入天然气管网,消化液脱水后产生的沼渣经好氧堆肥生
产有机肥,沼液进行还田利用。

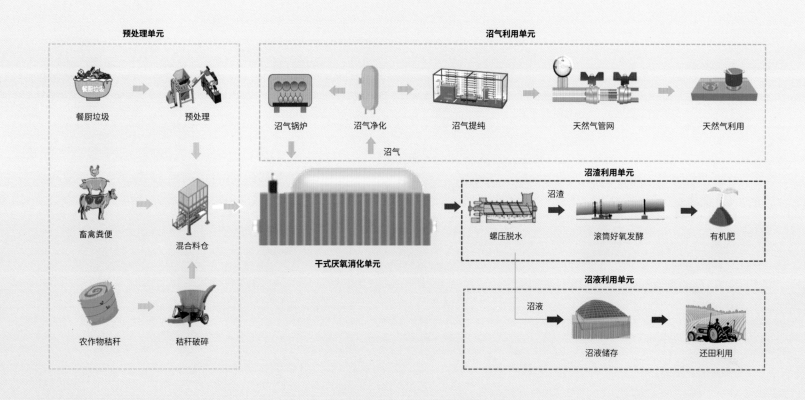

< 工艺流程图

收储运体系

采用专有运输车辆,将有机废弃物统一收运至厂区,收集半径
为20km范围,保证收运过程不产生二次污染。

〈 全密闭车辆运输
∨ 收运作业实景

处理转化体系

预处理单元

包括破碎、存储和输送设备，有机废弃物预处理后经输送设备进入干式厌氧反应器。

⌃ 不同物料进料料仓

〈 预处理设备

干式厌氧消化单元

采用卧式单轴、单体容积为3 100m³的DANAS®干式厌氧反应器，将含固率20%以上的有机废弃物经输送系统进入干式厌氧消化单元。

DANAS®干式厌氧反应器为模块化的反应器、气柜一体化结构，内部为U形断面和长轴搅拌器，保障物料不易积聚、完全混合。

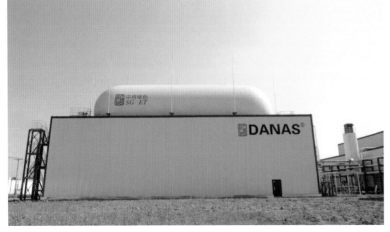

∧ DANAS® 干式厌氧反应器

∧ 长轴搅拌器

∧ 进出料装置

沼气净化单元

采用干法脱硫塔,脱硫后沼气中H_2S浓度小于10mg/Nm^3。

沼气利用单元

净化后的沼气一部分锅炉自用，另一部分经沼气膜提纯设备制备生物天然气。

好氧发酵单元

采用SG-DACT®滚筒动态好氧高温发酵技术进行沼渣堆肥,全密闭滚筒结构,动态连续运行。

SG-DACT®好氧发酵滚筒

有机肥生产单元

发酵后沼渣进入有机肥加工车间，复配腐植酸、氮磷钾、微量元素和微生物菌等，根据市场需求生产不同高附加值有机肥产品。

有机肥生产设备

产品资源化利用体系

沼气提纯为生物天然气并入燃气管网,沼渣生产为有机肥料产品,沼液作为液肥还田利用。打造300亩农业示范园,通过沼渣、沼液肥料化利用,带动3万亩农田土壤地力提升,进行绿色农业生产技术研发、示范。

持沃®有机肥
（粉剂/颗粒）

持沃®有机肥
（粉剂/颗粒）

持沃®有机肥
（肥桃专用型）

持沃®有机肥
（番茄/甜瓜专用型）

持沃®
含腐殖酸生物有机肥

有机质还田示范

示范意义

通过在肥城建立有机废弃物收储运、处理转化及产品资源化利用体系,构建区域解决方案,助力城乡物质良性循环。采用干式厌氧消化技术,解决有机废弃物污染问题,每年可减少二氧化碳排放3万t以上。在畜禽粪污处理和资源化领域实现付费机制,成为整县推进第三方专业治理的行业示范。

宜城规模化生物天然气产业
融合发展项目

宜城规模化生物天然气产业融合发展项目位于湖北省宜城市流水镇由湖北绿鑫生态科技有限公司投资、建设和运营，项目建设总投资1.05亿元，占地约100亩，年处理畜禽粪污、秸秆等有机废弃物5.6万t，年产生物天然气500万m³，发电上网608万kW·h/a，年产生物有机肥3万t。该项目于2016年经由国家发改委与农业农村部联合批复，是国家64个生物天然气试点项目中唯一采用"混合原料高温高负荷多级连续厌氧发酵"工艺的项目。

工艺路线

采用"高温高负荷多级连续厌氧发酵"及"膜法提纯"技术
生产生物质天然气,采用"强制好氧堆肥"技术将沼渣生产
有机肥,实现有机废弃物的能源化、资源化利用。

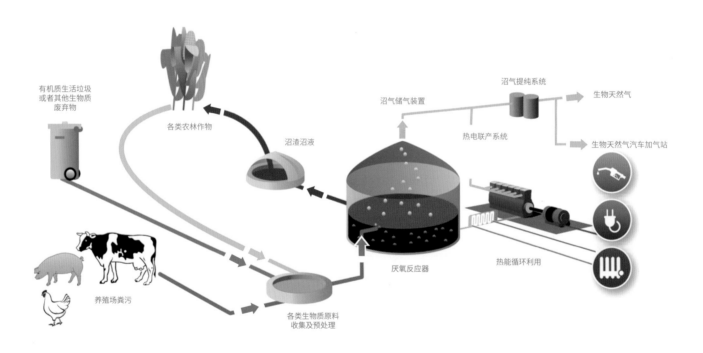

⟨ 工艺流程图

收储运系统

每年收运并处理项目周边25km范围内的粪污、秸秆、烂尾蔬菜等有机废弃物5.6万t。

∨ 原料收储场景

秸秆预处理系统

秸秆运输到厂区黄贮池后，通过机械碾压、快速密封并进行乳酸化发酵，再对秸秆粉碎后进入厌氧发酵系统。

秸秆预处理场景 〉

厌氧发酵系统

采用半地埋、气柜一体化结构厌氧发酵罐，单罐有效容积为3 300m³，平均池容产气率为2.0以上。内置生物原位脱硫系统，沼气脱硫后H_2S含量低于5X10^{-5}。

干粪、秸秆、烂尾瓜果等高含固率有机废弃物通过综合干式进料器连续、自动进入厌氧发酵罐，单次最大装填容量为40m³，最大进料速率1m³/min。

巨型桨式搅拌器　∧
综合干式进料器　＞

沼气热电联产系统

发电机组产生的电部分用于厂用电，其余全部并入国家电网，余热为厌氧发酵系统加温，能源利用率高达85%以上。

∨ 沼气发电机组

沼气净化提纯系统

采用膜法提纯，甲烷回收率可达96%~99.5%，提纯系统可一键启动，结合工业物联网技术，实现无人值守，年运行时间达8 500h以上。

沼气提纯 〉

固液分离系统

处理能力为5~15m³/h，分离效率为80%，固液分
离后沼渣含水率低于70%。

固液分离机 〉

有机肥生产与利用系统

沼渣与辅料充分混合,经强制好氧堆肥、翻抛陈化、破碎、筛分等工艺,生产有机肥和育苗基质,用于农作物种植、瓜果蔬菜苗培育、土壤改良等。

① 有机肥产品
② 强制好氧堆肥
③ 甜玉米培育
④ 水稻育秧工场
⑤ 土壤改良

示范意义

国内首座以秸秆为主的混合原料"高温高负荷多级连续厌氧发酵技术"工程，实现了有机废弃物先能源化后肥料化的产业闭环，形成"以绿色燃气生产和销售实现项目稳定现金流，以有机肥、育苗基质销售和土壤改良服务为项目经济增长点"的全市场化运营模式。

武鸣多元原料生物天然气项目

武鸣多元原料生物天然气项目位于广西壮族自治区南宁市武鸣区罗波镇,是由广西维尔利环保技术开发有限公司投资,由杭州能源环境工程有限公司参与建设和运营的中央预算内规模化生物天然气工程试点项目。项目总投资1.2亿元,占地约26亩,日产沼气4万m³,经净化提纯后,日产生物天然气2万m³,年生产固体有机肥原料5.6万t,液态有机肥原料0.66万t。

工艺路线

采用"预处理+中温厌氧发酵+三沼综合利用"
工艺技术路线，日处理甘蔗尾叶、秸秆、废弃水
果等农业废弃物400t，餐厨垃圾20t。

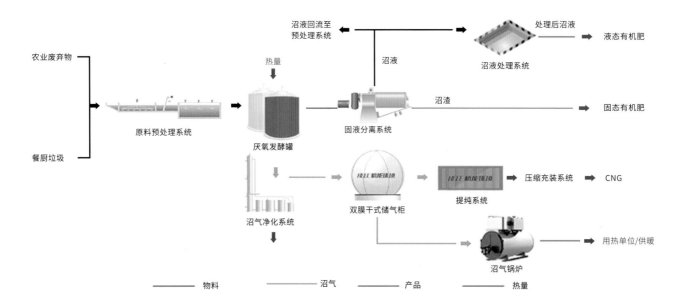

工艺流程图

预处理单元

分别设置秸秆类原料破碎及进料线、餐厨预处理线、粪污原料预处理线。

餐厨分选机 ∨

厌氧发酵单元

采用中温CSTR厌氧发酵工艺，

厌氧发酵罐5 000m³×4座

∨ 厌氧发酵罐

沼气净化单元

采用湿法脱硫为主要工艺,脱除沼气中的 H_2S,脱硫效率可高达98%以上。

湿法脱硫系统900m³/h×2套

∨ 湿法脱硫设备

沼气储存及提纯单元

净化后的沼气采用双膜干式储气柜储存。
采用膜分离法进行提纯,生产生物天然气。

双膜干式储气柜5 000m³×1座
沼气提纯及压缩系统1 700m³/h×1套

沼气膜提纯设备 〈
双膜干式储气柜 〉

产品高值利用单元

生物天然气并入城镇天然气管网或用于车用燃气。沼渣沼液可生产有机肥,用于灌溉周边甘蔗地、稻田等,或进行蔬菜、松茸等经济作物的种植实验。

制取生物天然气 ∧
液态有机肥原料生产线设备 〉

153

示范意义

广西壮族自治区生物天然气标志性示范项目，有助于带动当地生物天然气产业发展。沼液用于周边1 000余亩稻田灌溉，可实现早稻田亩产超过750kg，助力农民增产增收及农业绿色发展。构建有机肥生产线生产生物育苗基质等产品，实现沼渣商品化运营。

维尔利
WELLE

遵义茅台酿酒废弃物综合利用项目

遵义茅台酿酒废弃物综合利用项目位于贵州省遵义市播州区茅台循环经济产业园内，占地面积126亩，总投资3亿元，由中国节能环保集团于2019年建成运行。项目年处理10万t茅台酒糟和6万t高浓度酿酒废水，年产生物天然气1 178万m^3，主要供园区内复糟酒厂烤酒及当地居民生活使用；年产沼渣肥3万t，通过好氧堆肥制成生物有机肥对外销售；年产沼液肥8万t，全部作为有机液肥在当地还田处置。该项目被国家发展改革委和农业农村部列为首个国家级规模化生物天然气示范项目，被科技部列为国家科技支撑计划示范项目，被贵州省政府列为100个重点工程之一，成功入选APEC低碳城镇优秀规划项目及中国申报ESCI最佳实践奖候选项目。

工艺路线

包括酒糟预处理、厌氧发酵、固液分离、沼气提纯净化、
CNG、沼渣沼液利用等单元。

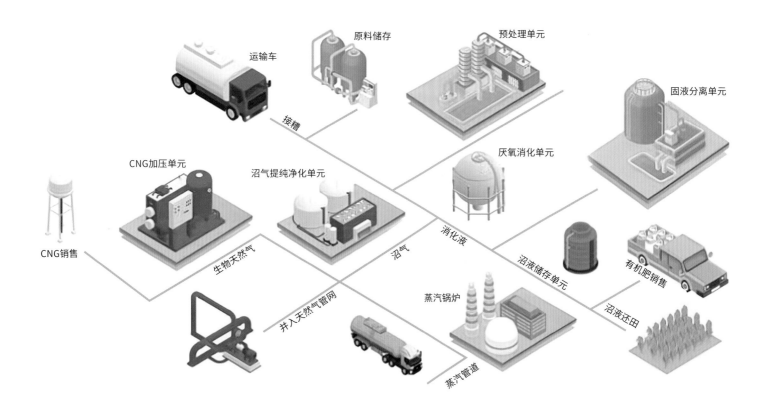

运输车　　原料储存　　预处理单元　　固液分离单元

接糟

CNG加压单元　　沼气提纯净化单元　　厌氧消化单元

CNG销售　　生物天然气　　沼气　　消化液　　沼液储存单元　　有机肥销售

并入天然气管网　　蒸汽锅炉　　沼液还田

蒸汽管道

〈　工艺流程图

酒糟储存单元

为适应酱香型白酒集中抛糟的生产特点,厂区建有4万t存储能力的酒糟原料仓库,经特殊处理达到相关防腐、防渗标准,消除酒糟渗滤液污染地下水源及周边环境的风险。

∨ 酒糟仓库

预处理单元

具有上料、破碎、调浆等功能，可根据厌氧发酵需求自行调
配浆液浓度。系统运行12h/d，可实现300t/d配料能力。

∨ 预处理装置

厌氧发酵单元

采用酒糟、酿酒废水、回流沼液耦合厌氧发酵工艺,潜水搅拌、循环泵及内部导流等多种搅拌方式,确保物料均匀,反应器底部设置排砂系统,顶部排浮设计。

LIPP厌氧发酵罐3 000m³×16座
厌氧发酵温度为35~38℃,停留时间30~40d

厌氧发酵罐

固液分离单元

采用"螺旋压榨+离心二级分离"工艺,沼液含固率可降
低至3%左右,一级固液分离后沼渣好氧堆肥,二级固
液分离后沼渣制备生物有机肥。

固液分离装置 ▽

△ 一级分离细沼渣
▽ 二级分离细沼渣

沼气提纯净化单元

干法脱硫, 沼气中的H_2S含量≤0.002%
变压吸附塔脱碳, CO_2含量≤3%

年产生物天然气超过1 100万m^3, 其中约450万m^3用于
酒厂供能, 约200万m^3进入当地燃气管网, 约450万m^3
加压20MPa后制成CNG销售。

脱碳系统 ∧
CNG加气站 ＞

沼渣沼液利用单元

以沼渣为主要原料,开发生物有机肥、有机营养土、矿物质调理剂等产品,沼液用于浇灌农田作物,年还田量为8万t,部分沼液经浓缩加工制成果蔬型、花卉型等沼液肥产品出售。

沼渣生物有机肥、营养土　∧
沼液还田后作物生长情况　＞
沼液储存与运输　＜

自动控制单元

以PLC系统为基础,构建全流程一体化智能控制系统实现酿酒废弃物厌氧发酵控制系统自动化、数字化、网络化、电子化,同时嵌入沼气生产效率算法,实现对系统重点工艺单元的反向控制。

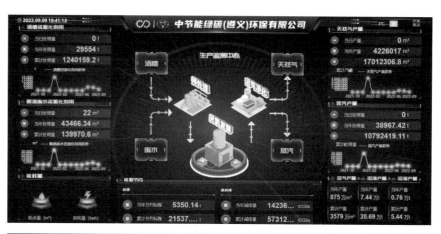

生产管理系统 ∧
集中控制室 ＞

示范意义

全球首家酿酒废弃物规模化生物天然气项目，为酿酒废弃物的综合利用提供了示范。将酿酒高浓度废水和酒糟通过耦合厌氧发酵技术处理，为高浓度有机废水的资源化利用开辟新路径，有效解决高浓度废水处理处置问题，助力赤水河流域有机污染治理。

致谢
Acknowledgments

在本书编纂和调研过程中，杭州能源环境工程有限公司、内蒙古华蒙科创环保科技工程有限公司、北京盈和瑞环境科技有限公司、长江生态环保集团有限公司、中持水务股份有限公司、青岛汇君环境能源工程有限公司、上海林海生态技术股份有限公司、江西正合生态农业有限公司、山东民和生物科技股份有限公司、山高环能集团股份有限公司、维尔利环保科技集团股份有限公司、北京中持绿色能源环境技术有限公司、湖北绿鑫生态科技有限公司、中国环境保护集团有限公司等企业为本书提供了案例支持。感谢万里平、王光泽、胡永利、孙海龙、李彩斌、李倩、邢帆、刘梦娇、张亭亭、张永刚、周新安、周建华、周晓、周加栋、徐吉磊、董泰丽、董玉婧、鲁鑫、熊浩然、熊伟等为相关案例提供图文素材，使得本书的呈现更加翔实、严谨与美观。感谢中国沼气学会副秘书长高嵩对本书的支持与帮助。特别感谢张茂真先生为本书题写书名。